ulmer

Sabrina Sue Daniels

VERRÜCKT NACH BÄRLAUCH

Das steckt drin

Noch mehr Infos und Ideen gefällig? Online unter www.ulmer.de/service/extras findest du kulinarisches Extra-Material.

DER BÄR IST LOS!

Bärlauch kann mehr als nur Pesto! Lass dir das bärige Powerkraut bei deinem nächsten Waldspaziergang nicht entgehen. Vollgepackt mit gesunden Vitaminen und Mineralstoffen, wartet er nur darauf, von dir entdeckt zu werden. Los geht's!

Bärlauch hat sich in den letzten Jahren zum unangefochtenen Star unter den Wildkräutern gemausert. Schon lange ist das Hexenkraut, wie es auch genannt wird nicht mehr nur Bestandteil von Pesto und Pasta.

Gesund und kräftigend

Der Waldknoblauch überzeugt auf ganzer Linie, auch wenn es um gesundheitliche Vorteile geht. Sein hoher Gehalt an Vitamin C ist gerade nach den grauen Wintermonaten eine gute Stärkung für das Immunsystem. Eine reinigende und stärkende Bärlauchkur im Frühjahr mit Bärlauchtinktur, Oxymel oder leckerem Smoothie wirkt entschlackend und gibt neue Kraft für den Start ins Jahr.

Nicht nur die Blätter vom Bärlauch sind lecker, auch die Knospen und Blüten verführen zu köstlichen Rezepten, die du dir auf keinen Fall entgehen lassen solltest. Und mit einer Bärlauch-Paste und Öl kannst du die Kraft des bärigen Powerkrauts das ganze Jahr über genießen.

Sammelfreude

Das Schöne an Bärlauch ist, dass er ganz einfach zu sammeln ist und auch jedes Jahr auf dem Markt und im Supermarkt zu finden ist. So kommen auch sammelscheue Gourmets in den Genuss des köstlichen Lauchgewächses.

Keine Sorge beim Sammeln in der Natur: In diesem Buch findest du viele nützliche Tipps, um die giftigen Doppelgänger von den zarten Bärlauch-Pflänzchen zu unterscheiden.

Ich verrate dir außerdem, wo der Bärlauch gerne Wurzeln schlägt und welche Regeln du beim Sammeln beachten solltest.

Wow-Rezepte

Natürlich darf das leibliche Wohl nicht fehlen! Daher gibt's auch leckere Rezepte wie Offene Bärlauch-Lasagne, Halloumi-Wraps oder Herzhafte Bärlauch-Babka, die dir bestimmt das Wasser im Mund zusammenlaufen lassen.

Viel Spaß beim Sammeln und Schlemmen!

BÄRLAUCHSTARK
IN DER KÜCHE

Im Frühjahr ist frischer Bärlauch eine köstliche Alternative zu Schnittlauch, Knoblauch und Zwiebel. Ein weiterer Vorteil: Nach dem Genuss muss das Küssen nicht ausbleiben, denn er hinterlässt einen weniger intensiven Duft.

Bärlauch wie ein Profi zubereiten – das lernst du in diesem Buch. Der bärige Lauch ist ein absoluter Küchenalleskönner, der seine Brüder Schnittlauch, Knoblauch und Co. locker in die Tasche steckt.

Roh und unerhitzt ist Bärlauch besonders intensiv. Das ist auch der Grund, warum er gerne als Pesto, Bärlauchbutter oder Dipp schnabuliert wird.

Für Suppen gilt: Erst zum Schluss zufügen und bloß nicht zu lange kochen lassen, sonst verliert er seinen besonderen Kick.

Frischen Bärlauch am besten direkt nach dem Pflücken oder dem Kauf verarbeiten. Falls das mal nicht geht, einfach in feuchtes Küchenpapier wickeln und für 1–2 Tage im Kühlschrank parken.

Konservieren – so geht's!

Bärlauch kannst du easy einfrieren oder trockenen. Für große Mengen Bärlauch sind Pasten (Grundrezept siehe unten) und Bärlauch-Öl (Rezept siehe Seite 70) eine großartige Alternative der Konservierung. Diese halten sich im Kühlschrank mehrere Monate und sind eine gute Basis für leckere Rezepte.

Grundrezept für Bärlauch-Paste

150 g Bärlauch

150 g Olivenöl

1 TL Salz

» Bärlauch waschen, auf einem Küchentuch gut trocken tupfen und grob hacken. Mit Olivenöl und Salz in einen Mixer geben und fein pürieren.

» In ein sauberes Glas füllen, mit Olivenöl bis zum oberen Rand aufgießen und das Glas schließen.

» Bis zur Verwendung im Kühlschrank lagern.

Freeze it!

Bärlauch kann auch eingefroren werden, um ihn haltbar zu machen.

- Dafür den Bärlauch gut waschen, auf einem Küchentuch trocken tupfen und grob hacken.
- Nach Belieben mit etwas Öl vermischen, locker in Frischhaltebeutel oder Eiswürfelbereiter füllen und ab ins Gefrierfach. Die Bärlauchwürfel sind easy zum Portionieren und immer griffbereit.
- Im Gefrierfach ist der Bärlauch mehrere Monate haltbar.

Trocknen

Beim Trocknen verliert der Bärlauch zwar etwas von seinen ätherischen Ölen und ist weniger intensiv, aber für Gewürzmischungen, Kräuterbutter und Salate ist die dezente Knoblauchnote einfach perfekt. Es gibt verschiedene Möglichkeiten der Trocknung.

- **Lufttrocknung:** Bärlauchblätter in kleinen Bündeln an einem luftigen, trockenen Ort, für etwa 1 Woche trocknen lassen.
- **Backofen:** Blätter locker auf ein Backblech legen. Bei leicht geöffneter Backofentür und max. 50 °C für 4–5 Stunden trocknen lassen.
- **Dörrautomat:** Bei max. 40 °C für 4 Stunden trocknen lassen.

Den Bärlauch nach dem Trocknen luftdicht verpacken und dunkel lagern.

MYTHOLOGIE UND NAMENSHERKUNFT

In verschiedenen Kulturen der Vergangenheit galt der Bärlauch nicht nur als hoch geschätzte Heilpflanze, sondern auch als Symbol für Stärke, Schutz und Wiedererwachen der Natur. Womöglich gab man ihm früher aus einem großen Respekt heraus viele Namen.

Um den Bärlauch ranken sich viele Sagen und Mythen. Die Heilpflanze wird oft mit Stärke, Heilung und Schutz in Verbindung gebracht.

Nach dem langen Winterschlaf soll es das allererste Pflänzchen gewesen sein, das Bären fraßen, um den Winter abzuschütteln.

Die Germanen glaubten, wer Bärlauch schnabuliert, der verfügt über Bärenkräfte. Kein Wunder also, dass die Hexenzwiebel, wie der Bärlauch auch genannt wird, schon von den Germanen und Kelten als Heilmittel genutzt wurde. Seinen Trivialnamen „Ramsen“ verdankt der Bärlauch dem germanischen *hramusan*, oder dem althochdeutschen *ramsada*.

Die Römer nannten ihn *Herba Salutaris*, also „das heilende Kraut“ und setzten es gegen Bluthochdruck, Verdauungsstörungen und Arteriosklerose ein.

Er besitzt eine außergewöhnliche Namensvielfalt: Wilder Knoblauch, Ramsen, Waldknoblauch, Knoblauchspinat, Wilder Lauch und Hexenzwiebel.

BÄRLAUCH ALS POWERKRAUT IN DER TRADITIONELLEN HEILKUNDE

Bei Verstopfungen ist Bärlauch der Helfer in der Not. Vollgepackt mit wichtigen Ballaststoffen kann er zusätzlich die Verdauung unterstützen und Blähungen vorbeugen – aber auch noch vieles mehr.

Bärlauch ist ein gesundes Superfood und der Superheld unter den Wildkräutern. Vollgepackt mit Mineralstoffen und Vitaminen, sprießt er wie wild im Wald.

Bärlauch hat 150 mg **Vitamin C** pro 100 g, damit schlägt er die Orange locker um das Dreifache – das ist geballte Power für dein Immunsystem. Denn Vitamin C schützt die Zellen vor oxidativem Stress, wirkt entzündungshemmend und beugt Erkältungen und Grippe vor.

Die im Bärlauch enthaltenen **Mineralstoffe** wie Eisen, Magnesium und Kalzium tragen außerdem zur Blutbildung bei und können Knochen, Muskeln und Nerven stärken.

Und das ist nicht alles! Das Hexenkraut ist ein wahres **Detox**-Wunder, denn es wirkt stark entgiftend, blutreinigend, vertreibt die Frühjahrsmüdigkeit im Nu und verspricht neue Kraft und Energie (siehe Bärlauch-Kur Seite 91).

Bei **Magen-Darm**-Beschwerden ist Bärlauch der beste Freund deiner Verdauung. Er vertreibt ungebetene Darmbewohner, wie den Candida-Pilz und die enthaltenen Senfölglykoside kurbeln die Verdauung an.

Außerdem bringt er dein Herz-Kreislauf-System in Schwung und sagt der Arteriosklerose den Kampf an, indem er oxidiertes Cholesterin an den Gefäßwänden minimiert. Das wiederum kann das Risiko von Bluthochdruck, Herzinfarkt und Schlaganfällen verringern.

Bärlauch verdankt seine antioxidative Wirkung hauptsächlich Allicin und den enthaltenen Flavonoiden. Diese Pflanzenstoffe können auch zur Vorbeugung von Zellschäden beitragen.

Und wie seine Brüder Knoblauch und Co. verwandelt er beim Pflücken die schwefelhaltige Aminosäure Alliin in das geruchsintensivere Allicin, dem der Bärlauch seinen charakteristischen Knoblauchduft verdankt. Diese Verbindung wirkt antibiotisch und entzündungshemmend. Bärlauch ist einfach ein dolles Kraut und dazu noch völlig gratis in der Natur zu finden.

BÄRLAUCH SAMMELN

Bärlauch, der Rockstar unter den Heilpflanzen, verzaubert mit seinem würzigen Knoblauchduft. Als einer der ersten Frühlingsboten zeigt er sich, je nach Laune des Wetters und je nach Region, schon ab Mitte Februar. Die geheimnisvolle Hexenzwiebel, wie er auch genannt wird, war schon bei den Germanen und Kelten der Hit.

Wo?

Bärlauch liebt Gesellschaft und kommt in der freien Natur in Massen vor. In schattigen Laubwäldern bildet er riesige grüne Bärlauchteppiche entlang von Bächen, Flüssen und Auen. Er liebt feuchte humus- und nährstoffreiche Erde. Direktes Sonnenlicht und trockene Böden sind dagegen nichts für das feuchteliebende Lauchgewächs. Einmal abgeschnitten, welken Bärlauchblätter im Handumdrehen.

Wann?

Als einer der ersten Frühlingsboten zeigen sich die grünen Blätter des Bärlauchs schon ab Mitte Februar. Das grüne Gold schmeckt von März bis kurz vor der Blütezeit Anfang Mai am besten. Doch sobald der Bärlauch sein strahlend weißes Blütenkleid anlegt, verflüchtigt sich das angenehme Knoblaucharoma. Nach der Blütezeit ziehen sich die köstlichen Blätter zurück und verwelken.

Der frühe Vogel fängt den Wurm, in diesem Fall den Bärlauch! Denn am besten erntet man die Blätter in den frühen Morgenstunden, wenn der Tau getrocknet ist. Auch wenn der Bärlauch ein taffer Bursche ist, solltest du pro Pflanze nur ein paar Blätter ernten, um ihn nicht zu schwächen.

Wie?

Sicherheit geht vor! Stelle vor dem Bärlauchsammeln sicher, dass es auch wirklich Bärlauch ist. So geht's:

- Die Bärlauchblätter verströmen beim Zerreiben zwischen den Handflächen einen angenehmen **Knoblauchgeruch**. Aber Achtung! Nach ein paar Blättern riechen deine Hände bereits nach Knoblauch und die Unterscheidung zu Giftpflanzen wird besonders tricky.
- Ein weiterer Geheimtipp: Die **Mittelrippe knicken**, denn das erzeugt ein hörbares „Knack!“ Das schaffen die giftigen Doppelgänger wie Herbstzeitlose, Maiglöckchen und Aronstab nicht.
- Eine angeleitete **Wildkräuter-Exkursion** ist auch eine großartige Möglichkeit, um ein Gefühl für das leckere Wildkraut zu bekommen. Online findest du dazu viele Anbieter.

Die gute Praxis

- **Schneiden nicht reißen** – Zum Ernten des Bärlauchs ein scharfes Messer oder eine Schere verwenden. So wird die Pflanze nicht beschädigt.
- **Nachhaltig bitte** – Ernte pro Pflanze nur 1–2 Blätter. Dies ermöglicht dir einen besseren Überblick über deine Ernte, da sich keine giftigen Doppelgänger verstecken können und der Bärlauch wird nicht zu viel geschwächt.
- **Weniger ist mehr** – Sammle nur in haushaltsüblichen Mengen.
- **Ab ins Körbchen** – Zum Transport eignet sich ein Korb, Stoffbeutel oder Frischhaltedosen, die mit feuchtem Küchenkrepp ausgelegt sind. Die Blätter sollten auf keinen Fall gequetscht werden.
- **Tabu** – Das Sammeln in Naturschutzgebieten ist verboten.
- **Nicht entwurzeln** – Bitte lass die Wurzeln im Boden und schneide das Bärlauchblatt knapp über dem Boden ab. So lässt sich der Bärlauch auch im nächsten Jahr wieder blicken.

Risiko Fuchsbandwurm

Der Fuchsbandwurm ist ein Parasit, der vor allem im Darm von Füchsen und anderen Wildtieren vorkommt. Seine Eier können über den Kot der Tiere auf den Bärlauch gelangen. Schafft es der Parasit durch den Verzehr von rohen Bärlauchblättern in das Verdauungssystem des Menschen, besteht die Gefahr einer Ansteckung.

Der fiese Bandwurm kann nämlich eine Echinokokkose auslösen, bei der die Larven, auch Finnen genannt, in Leber, Gehirn oder Milz tumorartige Gewebswucherungen anrichten.

Früher verlief die Erkrankung oft tödlich, doch heute kann eine medikamentöse Therapie Abhilfe schaffen.

Aber keine Panik, heutzutage ist eine Infektion mit dem Fuchsbandwurm sehr selten und eher unwahrscheinlich. Natürlich kann man eine Infektion nie völlig ausschließen.

Wie kann ich das Risiko einer Ansteckung minimieren?

- **Waschen:** Gründliches Waschen mit kaltem Wasser sollte immer ein wichtiger Bestandteil deiner Sammelroutine sein, um Schmutz und andere Verunreinigungen zu entfernen. Waschen kann den Fuchsbandwurm aber leider nicht zerstören.
- **Tiefkühlen:** Leider ist Kälte keine Option, da der winzige Parasit Temperaturen von −20 °C und niedriger locker aushält.
- **Erhitzen:** Das Erhitzen von Bärlauch ist eine einfache Methode, um die Gefahr einer Infektion völlig auszuschließen. Dafür den Bärlauch gründlich waschen und anschließend in 60 °C heißem Salzwasser für 1–2 Minuten blanchieren. Danach in Eiswasser abschrecken. So bleibt die schöne grüne Farbe erhalten und die Eier des Fuchsbandwurms werden zuverlässig abgetötet.

Matte
Blattunterseite
Sternförmige
Blüten
Einzelner Stiel
mit einem Blatt
Dreieckiger
Stielquerschnitt
Knoblauchgeruch
beim Zerreiben
der Blätter

So sieht der Bärlauch aus

Bärlauch (Allium ursinum) gehört wie Knoblauch, Schnittlauch und Zwiebel zur Gattung Allium. Seinen dollen Knobiduft verdankt er den schwefelhaltigen ätherischen Ölen. Aber man muss ihn auch an seinen anderen Merkmalen erkennen können.

Blätter

- Breit lanzettlich bis elliptisch, langstielig
- Glänzende Blattoberseite
- Matte Blattunterseite mit spürbarer Mittelrippe – Knackgeräusch beim Knicken
- Je ein einzelner Stiel mit zugehöriger Blattspreite wächst aus dem Boden, wenn man weiter unten an der Pflanze schaut, sieht man, dass zwei Blätter aus einer gemeinsamen länglichen Zwiebel entspringen.
- Werden mit Stiel 20–30 cm lang
- Stängel (Blütenstandsstiel) hat eine dreieckige Form
- Starker Knoblauchgeruch beim Zerreiben

Blüten und Samen

- Kugelförmige Blütendolde
- Schneeweiße, sternenförmige Einzelblüten an einem blattlosen Stängel
- Ab Mai erscheint die Blüte
- Grüne Samen zeigen sich ab Ende Mai bis Mitte Juni
- Alle Bestandteile des Bärlauchs sind essbar
- Pflanze zieht sich ab Juni in den Boden zurück und verwelkt

Glänzende Blätter
Zähe Blattstruktur, nicht weich
Blätter wachsen paarweise an einem Stängel zu einer Rosette
Glockenförmige Blüten
Blätter beidseitig glänzend
2 Blätter an einem Stängel

Giftige Doppelgänger

Herbstzeitlose und Maiglöckchen sind Pflanzen, mit denen der Bärlauch gerne verwechselt wird. Besonders tückisch: Ab und an wachsen Maiglöckchen und Co. zwischen den Bärlauchblättern, was auf den ersten Blick nicht auffällt.

Herbstzeitlose (giftig)

- Schmale, fleischige Blätter ohne Stiel
- Blätter werden bis zu 20 cm hoch
- Mehrere Blätter wachsen als Rosette aus dem Boden
- Im unteren Bereich der Blätter befindet sich eine längliche Kapselfrucht
- Kapselfrucht enthält viele kleine Samen
- Blüte zeigt sich erst im Herbst

Maiglöckchen (giftig)

- Pflanze wird bis zu 20 cm hoch
- Elliptische bis lanzettliche Blätter
- Glänzende Blattober- und Blattunterseite
- Blätter wachsen paarweise aus einem gemeinsamen Stängel und umschließen diesen
- Blätter sind zäh und nicht weich
- Glockenförmige Blüten, die angenehm duften

GANZ ENTSPANNT IM GARTEN ODER AUF DEM BALKON

Der Bärlauch ist ein pflegeleichter Kumpel, sowohl im Garten als auch auf dem Balkon. Er freut sich über ein schattiges Plätzchen und einen feuchten und nährstoffreichen Boden.

Bärlauch ist eine mehrjährige Pflanze und fühlt sich selbst in einem Pflanzenkübel, im Schatten auf der Terrasse oder dem Balkon wohl. Ab Juni zieht sich der Bärlauch komplett in den Boden zurück, um im nächsten Jahr wieder auszutreiben.

Das Pflanzen von Bärlauchzwiebeln oder vorgezogenen Jungpflanzen aus dem Gartencenter sind eine easy Methode, um schnell in den Genuss der grünen Knobipflanze zu kommen.

Bärlauchzwiebeln

Das Stecken erfolgt am besten im Herbst. Die Zwiebeln etwa 10 cm tief mit einem Abstand von 15 cm zueinander in das Erdreich setzen. Da Bärlauch kein Fan von Trockenheit ist, den Boden bis zum Austreiben im Frühjahr feucht halten.

Bärlauchsamen

Sie sind eher was für Geduldige, denn die Aufzucht braucht deutlich mehr Zeit und Geduld. Da Bärlauch ein Kaltkeimer ist, sollten die Samen im Herbst oder Winter ausgesät werden. Die Samen etwa 1 cm tief in den Boden ausbringen und feucht halten. Die Keimdauer kann bis zu 2 Jahre betragen. Aber Achtung, unbedingt auf frisches Saatgut achten.

Jungpflanzen

Besonders ungeduldige Gärtner sollten auf vorgezogene Jungpflanzen aus dem Gartencenter zurückgreifen. Zwischen März und Mai geht's ab damit in den Boden. Auch hier auf ausreichend feuchtes Erdreich achten.

BÄRLAUCH-GENUSS NEXT LEVEL!

Wow-Rezepte, die dir glatt die Schuhe ausziehen! Fancy Lasagne, die auf stylische New-York-Rolls, blumige Kapern und köstliche Regenbogen-Radieschen trifft, aber immer mit einer extra Portion Bärenpower!

Tomate-Burrata mit Bärlauch-Dressing

Tomate-Mozzarella war gestern! Hier sind Burrata und Bärlauch die Stars auf dem Teller.

Zubereitungszeit: ca. 20 Minuten
Für 2 Portionen

2 TL Pinienkerne
500 g Tomaten
1 EL Bärlauch-Öl
1 EL Balsamico Bianco
1 TL Ahornsirup
1 TL körniger Senf
Salz + Pfeffer
1 Burrata (ein besonderer Mozzarella)
5 Blätter Bärlauch

» Pinienkerne in einer Pfanne ohne Fett anrösten.
» Tomaten in Scheiben schneiden. Auf einer Platte dekorativ anrichten.
» Für das Dressing Öl, Balsamico, Ahornsirup und Senf vermengen. Mit Salz und Pfeffer abschmecken.
» Burrata in Stücke zupfen. Bärlauch fein hacken. Burrata und Bärlauch auf den Tomaten verteilen.
» Mit Dressing beträufeln und mit Pinienkernen bestreut genießen.

GRÜNES ÖL

Bärlauch-Öl ist besonders aromatisch und ganz fix zubereitet. Das Rezept für das quietsch-grüne Öl findest du auf Seite 70. Der Bärlauch verleiht dem Öl sein kräftiges und besonders würziges Aroma und passt zu Salaten, Pasta oder Brot.

Kartoffel-Bärlauch-Pide

Pide mit Bärlauch ist einfach unwiderstehlich!

Zubereitungszeit: ca. 35 Minuten + 45 Minuten Ruhezeit + 20 Minuten Backzeit

Für 4 Portionen

1 Päckchen Trockenhefe

300 g Dinkelmehl (Typ 630)

Salz + Peffer

150 ml lauwarmes Wasser

3 EL Olivenöl

2 mittelgroße Pellkartoffeln

100 g Feta

60 g Bärlauch

100 g Frischkäse

4 Eier (M) + 1 Eigelb (M)

1 EL Milch

2 TL Sesam

» Hefe, Mehl, 1 TL Salz, Wasser und Öl verkneten. An einem warmen Ort abgedeckt 45 Minuten gehen lassen.

» Kartoffeln in Scheiben schneiden, Feta zerkleinern und Bärlauch grob hacken. ⅔ des Bärlauchs mit Feta und Frischkäse fein pürieren. Mit Salz und Pfeffer abschmecken.

» Backofen auf 200 °C vorheizen. Backblech mit Backpapier auslegen.

» Teig auf einer bemehlten Arbeitsfläche zu 4 Fladen à 25 cm Länge ausrollen. Feta-Creme darauf verteilen, dabei einen 1 cm breiten Rand frei lassen. Kartoffeln daraufgeben. Den Rand leicht über die Füllung klappen, dabei die Spitzen leicht zusammendrücken.

» Eier aufschlagen und auf die Kartoffeln gleiten lassen. Eigelb mit Milch verquirlen. Teigrand damit einstreichen und mit Sesam bestreuen.

» Im heißen Backofen für etwa 15–20 Minuten goldbraun backen. Nach dem Backen mit dem restlichen Bärlauch bestreut servieren.

Offene Bärlauch-Lasagne

Lasagne mit Wow-Effekt auf dem Teller.

Zubereitungszeit: ca. 30 Minuten
Für 2 Portionen

6 Lasagneplatten
Salz + Pfeffer
1 Zwiebel
500 g Kirschtomaten
2 EL Olivenöl
200 g TK-Blattspinat
2 TL Ajvar
1 TL italienische Kräuter
½ TL Zucker
40 g Bärlauch
100 g Feta
120 g Crème fraîche
3 EL Milch
2 TL Bärlauch-Pesto

» Lasagneplatten in kochendem Salzwasser bissfest garen.
» Zwiebel schälen und fein hacken. Tomaten halbieren.
» Öl erhitzen. Zwiebeln glasig andünsten, Tomaten und Spinat hinzugeben und 2–3 Minuten anbraten.
» Ajvar und 50 ml Wasser unterrühren und leicht dicklich einkochen lassen. Mit Kräutern, Zucker, Salz und Pfeffer abschmecken. Bärlauch fein hacken und ⅔ davon unter die Soße rühren.
» Feta zerkleinern. Mit Crème fraîche, Milch und restlichem Bärlauch verrühren. Mit Salz und Pfeffer abschmecken.
» Ein Lasagneblatt auf einem Teller platzieren. Tomatensauce darauf verteilen. Mit einem weiteren Blatt belegen. So lange wiederholen, bis alle 3 Blätter auf dem Teller liegen. Feta-Creme auf der oberen Nudelplatte verstreichen und mit Pesto beträufelt servieren.

Bärlauch-Pesto

Der Klassiker unter den Bärlauchrezepten – diesmal mit gerösteten Nüssen.

Zubereitungszeit: ca. 20 Minuten
Für 3 Gläser

2 Knoblauchzehen

150 g Bärlauch

60 g Cashewkerne, geröstet und gesalzen

100 g Parmesan, gerieben

125 ml Olivenöl + mehr zum Auffüllen des Glases

Salz

» Knoblauch schälen und mit dem Bärlauch grob hacken.

» Beides mit Cashewkernen, Parmesan und Olivenöl in einen Mixer geben und fein pürieren.

» Nach Belieben mit Salz abschmecken.

» Pesto in saubere Schraubgläser füllen und bis zum oberen Rand mit Öl aufgießen. Mit dem Deckel verschließen.

MAKE IT VEGAN!

Für eine vegane Pesto-Variante den Parmesan gegen eine pflanzliche Alternative tauschen oder ganz weglassen.

Für einen leckeren Frischkäse-Dipp einfach 200 g Frischkäse mit 2 TL Pesto verrühren. Dazu ein geröstetes Baguette und die eingelegten Bärlauch-Knospen von Seite 42 genießen.

Bärlauch-Halloumi-Wraps

It's a Wrap, Baby! Knusprige Halloumi-Sticks treffen auf weiches Fladenbrot.

Zubereitungszeit: ca. 40 Minuten
Für 4 Portionen

- 450 g Halloumi (halbfester Schnittkäse)
- 30 g Bärlauch
- 40 g Panko (spezielles Paniermehl)
- 1 Ei (M)
- 2 EL Milch
- 3 EL Mehl
- Bratöl
- 2 Snackgurken
- 1 Stängel Minze
- 150 g griechischer Joghurt
- 2 TL Bärlauch-Pesto
- Salz + Pfeffer
- 4 Fladen libanesisches Brot

» Halloumi in 20 Streifen schneiden.

» Bärlauch grob hacken und mit Panko in einem Mixer fein zermahlen.

» Ei und Milch miteinander verquirlen.

» Halloumi-Sticks in Mehl, Ei und Pankobröseln panieren. Panade dabei leicht andrücken.

» Öl in einer Pfanne erhitzen. Sticks goldbraun anbraten.

» Gurken in Scheiben schneiden.

» Minze fein hacken und mit Joghurt und Pesto vermischen. Salzen und pfeffern.

» Fladenbrot mit dem Dip bestreichen. Dann mit Halloumi-Sticks und Gurken belegen und genießen.

Bärlauch-Obazda mit Laugenbites

O'zapft is! Wir genießen den bayrischen Klassiker in einer bärigen Version.

Zubereitungszeit: ca. 30 Minuten + 60 Minuten Auftauzeit + 25 Minuten Backzeit
Für 6 Portionen

4 TK-Laugenstangen
1 rote Zwiebel
60 g Bärlauch
200 g Camembert
150 g Frischkäse
30 g weiche Butter
1 TL Paprikapulver, edelsüß
Salz + Pfeffer
20 g getrocknete Tomaten
50 g Saaten (Sonnenblumen-, Kürbiskerne und Sesam)

» Laugenstangen 1 Stunde auftauen lassen, dann in Stücke schneiden.
» Zwiebel schälen, halbieren und in feine Streifen schneiden.
» Bärlauch fein hacken.
» Camembert grob würfeln. Mit Frischkäse, Butter und Paprika in eine Schüssel geben und mit einer Gabel fein zerstampfen. Zwiebeln und Bärlauch unterheben. Mit Salz und Pfeffer abschmecken.
» Backofen auf 180 °C Ober- / Unterhitze vorheizen und ein Backblech mit Backpapier auslegen.
» Tomaten und Saaten zerkleinern und vermischen. Laugenstücke in der Mischung wenden, dabei die Kerne leicht andrücken.
» Laugenstücke auf dem Backblech verteilen und für etwa 25 Minuten goldbraun backen.
» Laugenbites mit Obazda servieren und genießen.

Schnelles Bärlauch-Pfannenbrot

Ganz fix von der Pfanne auf den Teller!

Zubereitungszeit: ca. 20 Minuten
Für 2 Stück

180 g Dinkelmehl (Typ 630)
2 TL Backpulver
½ TL Salz
1 TL Olivenöl
140 g Joghurt (3,5 % Fett)
1 Schalotte
40 g Bärlauch
50 g Feta oder geriebener Gouda
80 g Frischkäse
Pfeffer

» Mehl, Backpulver und Salz in einer Schüssel vermischen.
» Öl und Joghurt hinzugeben und verkneten. (Falls der Teig zu trocken ist, mehr Joghurt hinzugeben!)
» Schalotte schälen und mit Bärlauch fein hacken. Dann mit Feta und Frischkäse in einer Schüssel vermischen. Mit Salz und Pfeffer abschmecken.
» Teig in 2 Stücke teilen. Teiglinge auf einer bemehlten Arbeitsfläche ausrollen. Füllung daraufgeben.
» Teig über die Füllung legen, zu einem Ball formen und diesen zu Fladen à 11 cm ø ausrollen.
» In einer heißen Pfanne ohne Öl bei mittlerer Hitze von beiden Seiten für etwa 5 Minuten goldbraun backen.

BÄRLAUCH IM DOPPELPACK!

Wer mag, kann das warme Pfannenbrot nach dem Backen zusätzlich noch mit Olivenöl und gehacktem Bärlauch bestreut genießen.

TIPP
Mit den eingelegten Bärlauch-Knospen von Seite 42 wird daraus eine großartige Antipasti-Party.

Herzhafte Bärlauch-Babka

Ein Bärlauch-Traum für kreative Flechtkünstler!

Zubereitungszeit: ca. 50 Minuten + 90 Minuten Gehzeit + 45 Minuten Backzeit

Für 1 Kranz

50 ml + 1 EL lauwarme Milch

2 Eier (M) + 1 Eigelb (M)

90 g weiche Butter

½ Päckchen Trockenhefe

½ TL Zucker

Salz

280 g Dinkelmehl (Typ 630)

60 g Bärlauch

30 g Parmesan, gerieben

2 TL Sesam, weiß

» 50 ml Milch, 2 Eier, 50 g Butter, Hefe, Zucker, 1 TL Salz und Mehl in einer Schüssel verkneten.

» Teig an einem warmen Ort für 60 Minuten gehen lassen.

» Bärlauch grob hacken. Mit 40 g Butter und Parmesan fein pürieren. Mit Salz abschmecken.

» Teig auf einer bemehlten Arbeitsfläche auf eine Größe von 30 × 35 cm ausrollen. Bärlauch-Butter darauf verstreichen. Teig von der langen Seite her eng aufrollen. Rolle mit einem scharfen Messer längs in 2 Stränge teilen.

» Teigstreifen zu einem Zopf flechten. Die Enden des Zopfes zu einem Kranz zusammenfügen und leicht andrücken.

» Auf ein mit Backpapier ausgelegtes Backblech legen.

» 1 EL Milch mit Eigelb verquirlen. Kranz damit bestreichen. Mit Sesam bestreuen. Kranz abgedeckt für weitere 30 Minuten gehen lassen.

» Backofen auf 180 °C Ober- / Unterhitze vorheizen.

» Kranz für ca. 40–45 Minuten goldbraun backen.

Rezeptvideo

Bärlauch-Dutch-Baby

Grüner Ofenpfannkuchen zum Träumen lecker.

Zubereitungszeit: ca. 20 Minuten + 20 Minuten Backzeit
Für 2 Portionen

50 g Bärlauch
4 Eier (M)
125 ml Milch
Salz + Pfeffer
80 g Dinkelmehl (Typ 630)
2 EL Butter
150 g Kräuterseitlinge
2 Stängel Thymian
1 rote Zwiebel
2 Tomaten

» Backofen auf 200 °C Ober-/Unterhitze vorheizen. Sobald die Temperatur erreicht ist, eine ofenfeste Pfanne mit 22 cm ø darin erhitzen.

» Bärlauch fein hacken. 40 g Bärlauch, Eier und Milch in einen Mixer geben und fein pürieren.

» ½ TL Salz und Mehl zügig unterrühren.

» Die heiße Pfanne mit Backhandschuhen aus dem Ofen nehmen. 1 EL Butter in die Pfanne geben und im Backofen schmelzen lassen. Dann die Pfanne aus dem Ofen nehmen.

» Teig in die Pfanne geben und im Backofen für etwa 20 Minuten goldbraun backen.

» Pilze in Scheiben schneiden. Thymian fein hacken. 1 EL Butter in einer weiteren Pfanne erhitzen. Pilze darin anbraten. Mit Thymian würzen.

» Zwiebel schälen, halbieren und in Streifen schneiden. Tomaten in Scheiben schneiden.

» Dutch aus dem Ofen nehmen. Mit Pilzen, Tomaten, Zwiebeln und restlichem Bärlauch belegen. Mit Salz und Pfeffer abschmecken und genießen.

Eingelegte Bärlauch-Kapern

Kapern mal ganz anders! Schnell zubereitet mit nur wenigen Zutaten.

Zubereitungszeit: ca. 20 Minuten + 3 Wochen Ruhezeit
Für 1 kleines Glas

100 g Bärlauchknospen

1 daumendickes Stück Ingwer

1 TL schwarze Pfefferkörner

250 ml Weißweinessig

1 EL Zucker

1 TL Salz

» Bärlauchknospen waschen, trocken tupfen und dann in ein sauberes Glas füllen.

» Ingwer schälen und fein reiben.

» Pfefferkörner mit einem Messerrücken leicht andrücken, damit die ätherischen Öle ausströmen können.

» Ingwer, Pfeffer, Weißwein, Zucker und Salz in einem Topf zum Kochen bringen.

» 1 Minute sprudelnd aufkochen lassen.

» Sud über die Bärlauchknospen gießen. Das Glas sofort verschließen.

» Glas vollständig auskühlen lassen, erst dann im Kühlschrank kaltstellen.

» Im Kühlschrank 2–3 Wochen ziehen lassen.

VERWENDUNG

Eingelegte Bärlauchknospen lassen sich ähnlich wie Kapern verwenden. Auch der Sud schmeckt hervorragend als Basis für Salatsoßen. Die eingelegten Knospen halten sich im Kühlschrank mehrere Monate.

Grünes Bärlauch-Spargel-Sushi

Bärlauch goes Asia! Lecker kombiniert mit Reispapier und Nori-Alge.

Zubereitungszeit: ca. 20 Minuten
Für 2 Portionen

6 Stangen grüner Spargel
Salz
3 Blatt Reispapier
3 TL Bärlauch-Pesto
1 Nori-Blatt
1 TL Sesam, schwarz
Erbsensprossen zur Deko

» Spargel von den holzigen Enden befreien. Für 2 Minuten in Salzwasser blanchieren, anschließend in Eiswasser abschrecken.

» Einen großen, tiefen Teller mit lauwarmem Wasser bereitstellen. 1 Blatt Reispapier darin kurz eintauchen und auf einem Küchenbrett ausbreiten.

» ½ TL Pesto auf der vorderen Hälfte verstreichen. 1 Spargelstange darauflegen und bis zur Hälfte des Blattes eng aufrollen.

» Restliches Papier mit einem scharfen Messer abtrennen. Andere Hälfte ebenfalls mit ½ TL Pesto bestreichen, Spargel darauflegen und eng aufrollen.

» Mit den beiden anderen Papieren genauso verfahren.

» Nori-Blatt auf ein Küchenbrett legen. Spargelstangen wie ein Dreieck auf das Blatt stapeln. Nori-Blatt eng um die Stangen wickeln.

» Das Ende des Blattes mit kaltem Wasser befeuchten. (Das dient als Kleber, damit das Blatt zusammenhält!)

» Sushi mit einem scharfen Messer in daumendicke Scheiben schneiden.

» Mit Sesam und Sprossen dekorieren und genießen.

Rezeptvideo

Crispy Bärlauch-Kartoffelsalat

Köstlicher Kartoffelsalat 2.0 für deine nächste Grillparty!

Zubereitungszeit: ca. 20 Minuten + 35 Minuten Backzeit
Für 2 Portionen

500 g Frühkartoffeln
Salz + Pfeffer
2 EL Olivenöl
½ TL Paprikapulver, edelsüß
1 TL Majoran, gerebelt
½ Salatgurke
½ Radicchio
2 Gewürzgurken
½ Bund Dill
25 g Bärlauch
100 g griechischer Joghurt
1 EL Mayonnaise
½ TL Zucker

» Kartoffeln in Salzwasser garkochen. Abgießen und ausdampfen lassen.

» Backofen auf 220 °C Ober-/Unterhitze vorheizen und ein Backblech mit Backpapier auslegen.

» Kartoffeln auf das Backblech legen und mit dem Boden eines Trinkglases plattdrücken.

» Öl, Paprikapulver, Majoran, ¼ TL Salz und Pfeffer vermischen. Kartoffeln mit der Marinade bestreichen. Im Backofen 30–35 Minuten knusprig backen.

» Gurke, Radicchio und Gewürzgurken klein schneiden.

» Für das Dressing Dill und Bärlauch fein hacken. Mit Joghurt und Mayonnaise fein pürieren. Gewürzgurken hinzugeben und mit Salz, Zucker und Pfeffer abschmecken.

» Kartoffeln, Gurke und Radicchio in eine Schüssel geben und mit dem Dressing gut vermengen.

Bärlauch-Ei-Bagel

Ei, Ei, Ei in der glamourösen Bagel-Version!

Zubereitungszeit: ca. 20 Minuten
Für 2 Stück

- 2 Bagels
- 13 Blätter Bärlauch
- 2 Eier (M)
- Salz + Pfeffer
- 1 EL Rapsöl
- 50 g Frischkäse
- 1 Avocado
- 4 Radieschen
- 1 Handvoll Pflücksalat
- Optional: 2 Scheiben Kochschinken

» Bagels längs aufschneiden.

» 10 Blätter Bärlauch grob hacken.

» Eier trennen. Eiweiß mit Bärlauch in einem Mixer fein pürieren. Mit Salz und Pfeffer würzen.

» Rapsöl in einer Pfanne erhitzen. Bagelhälften mit der Schnittfläche nach unten, bei mittlerer Hitze goldbraun anrösten.

» Bagelböden wieder umdrehen (nur die Böden) und das Eiweiß in das Loch des Bagels gießen. Das Eigelb vorsichtig in das Loch des Deckels geben. Topfdeckel auflegen, bis das Ei gestockt ist.

» Restliche Bärlauchblätter grob hacken und mit dem Frischkäse vermischen. Mit Salz und Pfeffer abschmecken.

» Avocado und Radieschen in Scheiben schneiden.

» Die untere Bagelhälfte mit Frischkäse bestreichen. Mit Avocado, Radieschen, Pflücksalat und Schinken belegen. Deckel obendrauf und genießen.

Bärlauch-Gyoza

Hier zählen die inneren Werte. Knusprige Gyoza mit einer köstlich-würzigen Bärlauchfüllung.

Zubereitungszeit: ca. 45 Minuten
Für 30 Stück

250 g Dinkelmehl (Typ 630)
25 g Speisestärke
Salz
50 g Bärlauch, fein gehackt
1 daumendickes Stück Ingwer, fein gehackt
1 Chilischote, fein gehackt
200 g Rinderhack oder veganes Hack aus dem Kühlregal
2 EL dunkle Sojasoße
1 EL Ahornsirup
Pfeffer
3 EL Rapsöl
1 TL schwarzer Sesam

» Mehl, Speisestärke und 1 TL Salz vermischen. 250 ml kochendes Wasser hinzugeben und mit einer Küchenmaschine verkneten.

» Lauwarmen Teig auf einer bemehlten Arbeitsfläche in 30 Stücke teilen. Jeden Teigling ca. 3 mm dünn ausrollen.

» Für die Füllung 40 g Bärlauch mit Ingwer, Chili, Hackfleisch, Sojasoße und Ahornsirup vermengen. Mit Pfeffer abschmecken.

» Teigscheiben mit ½ TL Füllung belegen. Teigrand mit etwas Wasser befeuchten, über die Füllung klappen und fest andrücken. Für die typische Form den Rand in Falten legen und zwischen Daumen und Zeigefinger fest zusammendrücken.

» Öl in einer Pfanne erhitzen. Gyoza 3–4 Minuten knusprig anbraten. 200 ml Wasser in die Pfanne geben. Deckel aufsetzen und die Gyoza dämpfen, bis die Flüssigkeit verdampft ist. Mit restlichem Bärlauch und Sesam bestreut genießen.

New-York-Bärlauch-Rolls

Bärlauch goes New York. Hier versteckt sich cremiger Bärlauch-Frischkäse in knusprigem Teig.

Zubereitungszeit: ca. 20 Minuten + 30 Minuten Backzeit
Für 6 Stück

240-g-Packung Croissant-Teig (Rolle aus dem Kühlregal)

50 g Bärlauch

200 g Frischkäse

½ TL grüner Pfeffer

Salz

Erbsensprossen und essbare Blüten zur Deko

» Backofen auf 220 °C Ober-/Unterhitze vorheizen und ein Backblech mit Backpapier auslegen.

» 6 Dessertringe à 8 cm ø fetten und auf das Blech legen.

» Croissant-Teig in 6 gleich große Rollen schneiden.

» Teiglinge in die Dessertringe legen. Dessertringe mit Backpapier abdecken und mit einem weiteren Backblech beschweren, damit der Teig nicht zu stark aufgehen kann und seine typische Form behält.

» Im heißen Backofen 25–30 Minuten goldbraun backen. Nach dem Backen auskühlen lassen.

» Bärlauch grob hacken.

» Frischkäse, Bärlauch und grünen Pfeffer in einem Mixer fein pürieren. Mit Salz abschmecken. Creme in eine Spritztülle füllen und die Rollen damit befüllen. Für die Deko noch etwas Creme oben auf den Rollen verteilen. Nach Belieben mit Sprossen und Blüten dekorieren.

Rezeptvideo

Regenbogen-Radieschen

Eat the rainbow! Aber bitte mit Bärlauch!

Zubereitungszeit: ca. 30 Minuten + 30 Minuten Backzeit
Für 4 Portionen

2 Bund bunte Radieschen

400 g Fenchel

400-g-Dose Kichererbsen (Abtropfgewicht 265 g)

3 EL Bärlauch-Pesto

Salz

Pfeffer

» Backofen auf 200 °C Ober- / Unterhitze vorheizen und ein Backblech mit Backpapier auslegen.
» Radieschen halbieren. Fenchel vom Strunk befreien und in Streifen schneiden.
» Kichererbsen abtropfen lassen und mit Radieschen und Fenchel in eine Schüssel geben.
» 2 EL Bärlauch-Pesto unterrühren. Mit Salz und Pfeffer abschmecken.
» Gemüse auf dem Backblech verteilen und im heißen Backofen für 25–30 Minuten backen.
» Radieschen-Gemüse nach dem Backen mit 1 EL Pesto beträufeln. Nach Belieben mit Salz und Pfeffer abschmecken und genießen.

RADIESCHEN-GEMÜSE MIT FETA

Schnelles Hauptgericht. Wer mag legt noch 400 g Fetakäse im Ganzen auf das Backblech. So gratiniert schmeckt der Käse ganz hervorragend zum Gemüse. Dazu noch ein paar Scheiben Baguette und das schnelle Abendessen ist gerettet.

Zucchini-Bärlauch-Wrap

Easy Zucchini-Wraps für den schnellen Genuss.

Zubereitungszeit: ca. 20 Minuten + 30 Minuten Backzeit
Für 2 Portionen

200 g Zucchini
150 g Gouda, gerieben
1 kleiner Romana-Salat
30 g Bärlauch
2 TL Bärlauch-Pesto
80 g Joghurt
Salz
Pfeffer
2 Tomaten, in Scheiben
¼ Salatgurke, in Scheiben

» Zucchini mit einem Gemüsehobel in dünne Streifen hobeln. Auf einem Küchentuch trocken tupfen.
» Backofen auf 200 °C Ober- / Unterhitze vorheizen und ein Backblech mit Backpapier auslegen.
» Die Hälfte des geriebenen Goudas auf dem Backblech verteilen. Darauf die Zucchinistreifen leicht überlappend legen. Den restlichen Käse darauf verteilen.
» Im heißen Backofen für 20–30 Minuten goldbraun backen.
» Salat klein schneiden. Bärlauch fein hacken.
» Pesto mit Joghurt vermischen. Mit Salz und Pfeffer abschmecken.
» Zucchini-Wrap vom Backpapier lösen und mit der knusprigen Seite nach unten auf ein Küchenbrett legen.
» Wrap mit Salat, Bärlauch, Tomaten, Gurke und Joghurt-Dipp beträufeln.
» Wrap vorsichtig aufrollen. Dann mit einem scharfen Messer halbieren und genießen.

Avocado-Bärlauch-Hummus

Cremiger Bärlauch-Hummus zum Dahinschmelzen lecker!

Zubereitungszeit: ca. 25 Minuten
Für 8 Portionen

- 50 g Bärlauch
- 1 Avocado
- 400-g-Dose Kichererbsen (Abtropfgewicht 265 g)
- 1 EL Tahina
- 2 EL Zitronensaft
- 2 EL Olivenöl
- ½ TL gemahlener Kreuzkümmel
- Salz + Pfeffer
- ½ TL Paprikapulver, edelsüß
- ½ TL Harissa (scharfes Gewürzpulver)

» Bärlauch grob hacken.

» Avocado halbieren und entkernen.

» 220 g Kichererbsen, gehackten Bärlauch, ½ Avocado, Tahina, Zitronensaft und Olivenöl in einem Mixer fein pürieren.

» Mit Kreuzkümmel, Salz und Pfeffer abschmecken.

» Restliche Kichererbsen (45 g) mit Paprikapulver vermischen.

» Restliche ½ Avocado in Scheiben schneiden.

» Hummus auf einem Teller dekorativ anrichten. Mit Kichererbsen, Avocadoscheiben und Harissa belegt servieren.

DIPP BUDDIES

Den Hummus unbedingt mit geröstetem Baguette genießen. Langweilige Gemüsesticks verwandeln sich mit diesem würzigen Dipp zum absoluten Tages-Highlight.

Bärlauch-Taboulé-Bowl

Leckerer Bowlgenuss für das schnelle Feierabend-Vergnügen.

Zubereitungszeit: ca. 25 Minuten
Für 2 Portionen

Salz
100 g Couscous
40 g Bärlauch
1 Stängel Minze
2 Frühlingszwiebeln
½ Bund Radieschen
1 Avocado
1 kleiner Radicchio
2 EL Ajvar
2 EL Olivenöl
2 EL Zitronensaft
Pfeffer

» 250 ml Wasser und ½ TL Salz in einem Topf zum Kochen bringen. Couscous einrühren und 10 Minuten auf der ausgeschalteten Herdplatte quellen lassen.
» Couscous mit einer Gabel auflockern.
» Bärlauch, Minze und Frühlingszwiebeln klein schneiden.
» Radieschen und Avocado in Scheiben schneiden.
» Radicchio in Streifen schneiden.
» Couscous mit Bärlauch, Minze und Frühlingszwiebeln in eine Schüssel geben.
» Ajvar, Olivenöl und Zitronensaft unterrühren. Mit Salz und Pfeffer abschmecken.
» Couscous auf zwei Bowls verteilen. Mit Radieschen, Avocado und Radicchio belegt genießen.

Kartoffel-Bärlauch-Quiche

Statt auf Teig bettet sich die Quiche mal auf Kartoffeln.

Zubereitungszeit: ca. 35 Minuten + 45 Minuten Backzeit
Für 8 Portionen

600 g Kartoffeln, mehligkochend
Salz
300 g grüner Spargel
50 g Bärlauch
200 g Crème fraîche
2 Eier (M)
50 ml Milch
50 g geriebener Käse
Pfeffer
Muskat

» Kartoffeln in Salzwasser garkochen. Abgießen und ausdampfen lassen.
» Spargel von den holzigen Enden befreien.
» Bärlauch fein hacken. 2 EL gehackten Bärlauch zur Seite legen.
» Restlichen Bärlauch, Crème fraîche, Eier und Milch cremig rühren.
» Käse hinzugeben und mit Salz, Pfeffer und Muskat abschmecken.
» Backofen auf 200 °C Ober- / Unterhitze vorheizen. Den Boden einer Springform 24 cm ø mit Backpapier auslegen.
» Kartoffeln in der Form verteilen und mit dem Boden eines Trinkglases plattdrücken. Dabei einen kleinen Rand nach oben hin formen.
» Bärlauch-Creme auf dem Kartoffelboden verteilen, Spargel darauf legen. Im Backofen 35–45 Minuten goldbraun backen.
» Nach dem Backen mit dem restlichen Bärlauch (2 EL) bestreuen und genießen.

Gnocchi-Bärlauch-Auflauf

Leckeres Comfort Food aus dem Backofen!

Zubereitungszeit: ca. 20 Minuten + 30 Minuten Backzeit
Für 3 Portionen

500 g Kartoffel-Gnocchi (Kühlregal)

1 Zwiebel

80 g Bärlauch

400 TK-Romanesco oder Brokkoli

1 EL Butter

1 EL Mehl

400 ml Milch

100 ml Sahne

Muskat

Salz + Pfeffer

80 g Gouda, gerieben

» Gnocchi in eine Auflaufform geben. Backofen auf 200 °C Ober-/Unterhitze vorheizen.

» Zwiebel schälen, fein hacken. Bärlauch fein hacken.

» Romanesco in die Auflaufform geben und mit den Gnocchi mischen.

» Butter in einem Topf erwärmen. Zwiebeln darin glasig andünsten. Mehl hinzugeben und kurz anschwitzen. Mit Milch und Sahne ablöschen, bis die Soße leicht eindickt. 70 g Bärlauch unter die Soße heben. Mit Muskat, Salz und Pfeffer abschmecken.

» Soße über die Gnocchi geben und mit Käse bestreuen.

» Im heißen Backofen für etwa 25–30 Minuten goldbraun backen.

» Auflauf mit restlichem Bärlauch (10 g) bestreut genießen.

BESONDERE EINLAGE

Wer mag kann noch geröstete Schinkenwürfel unter die Béchamelsoße rühren. Für den extra Crunch einfach 30 g gehobelte Mandelblättchen nach der Hälfte der Backzeit auf den Auflauf streuen.

Bärlauch-Cracker

Da kann selbst das Krümelmonster nicht widerstehen!

Zubereitungszeit: ca. 30 Minuten + 60 Minuten Kühlzeit + 18 Minuten Backzeit

Für etwa 20 Stück

- 30 g Bärlauch
- 100 g Dinkelmehl (Typ 630)
- ¼ TL Salz
- 80 g kalte Butter
- 2 EL kaltes Wasser
- 50 g Parmesan, gerieben

» Bärlauch fein hacken.

» Dinkelmehl und Salz in einer Schüssel vermischen.

» Butter in kleinen Stücken, Wasser, Bärlauch und Parmesan hinzugeben und zügig verkneten.

» Teig in Frischhaltefolie wickeln und für 1 Stunde kaltstellen.

» Backofen auf 180 °C Ober- / Unterhitze vorheizen und ein Backblech mit Backpapier auslegen.

» Teig auf einer bemehlten Arbeitsfläche 5 mm dick ausrollen. Aus dem Teig lange Streifen schneiden oder Kreise ausstechen.

» Cracker mit etwas Abstand zueinander auf das Backblech legen. Im Backofen für 15–18 Minuten backen. Nach dem Backen auf einem Kuchengitter auskühlen lassen.

MAKE IT VEGAN!

Für eine vegane Variante die Butter und den Parmesan gegen eine pflanzliche Alternative tauschen. Luftdicht verpackt halten sich die Cracker bis zu 1 Woche.

Bärlauch-Fougasse

Fladenbrot aus der Provence mit einem bärigen Twist!

Zubereitungszeit: ca. 30 Minuten + 90 Minuten Gehzeit + 15 Minuten Backzeit

Für 2 Brote

- 1 Päckchen Trockenhefe
- ½ TL Zucker
- ½ TL Salz
- 300 g Dinkelmehl (Typ 630)
- 3 EL Olivenöl
- 2 TL Sesam, schwarz + weiß
- 20 g Bärlauch, grob gehackt
- 50 g Butter, geschmolzen

» Hefe in 150 ml lauwarmes Wasser einrühren.

» Zucker, Salz, Mehl, Hefewasser und 2 EL Öl hinzugeben und zu einem geschmeidigen Teig verkneten.

» Zugedeckt an einem warmen Ort 60 Minuten gehen lassen.

» Backblech mit Backpapier auslegen.

» Aus dem Teig 2 Kugeln formen. Auf einer bemehlten Fläche zu Fladen à 30 cm ø formen. Nach Belieben mit einem scharfen Messer Muster einschneiden.

» Mit 1 EL Öl bestreichen und mit Sesam bestreuen.

» Teig weitere 30 Minuten gehen lassen.

» Bei 230 °C Ober-/Unterhitze für 13–15 Minuten backen.

» Bärlauch mit geschmolzener Butter vermischen.

» Heiße Fougasse mit Bärlauchbutter bestreichen und genießen.

Bärlauch-Öl

Bärlauch ganz easy konserviert. So kannst du das Hexenkraut das ganze Jahr über genießen.

Zubereitungszeit: ca. 30 Minuten
Für 1 Glas

100 g Bärlauch

500 ml Olivenöl

» Bärlauch grob hacken.

» Mit Olivenöl in eine Küchenmaschine geben und für 5 Minuten bei maximal 50 °C erwärmen. (Beim Erhitzen im Topf unbedingt ein Thermometer verwenden!)

» Bärlauch-Öl pürieren und das Öl durch ein Tuch abseihen. Öl sofort über einem Wasserbad mit Eiswürfeln auskühlen lassen. (So bleibt die schöne grüne Farbe erhalten!)

» Öl in ein sauberes Glas abfüllen und an einem kühlen und dunklen Ort aufbewahren.

KALTAUSZUG

Statt eines Warmauszugs kannst du den klein geschnittenen Bärlauch auch in ein Glas füllen, mit dem Öl aufgießen und an einem kühlen und dunklen Ort für 3–4 Wochen ziehen lasssen. Zwischendurch sollte das Glas geschüttelt werden. Den Bärlauch anschließend abseihen und das Öl in ein sauberes Glas füllen. Diese Methode verspricht auch ein sehr intensives Aroma, allerdings wird das Öl nicht so schön grün.

Bärlauch-Zucchini-Süppchen

Unschlagbar lecker! Zucchini und Bärlauch cremig aufgeschlagen.

Zubereitungszeit: ca. 35 Minuten
Für 4 Portionen

150 g Kartoffeln, mehligkochend
700 g Zucchini
1 Zwiebel
1 Knoblauchzehe
300 g grobe Bratwurst
2 EL Rapsöl
1 l Gemüsebrühe
80 g Bärlauch
150 ml Sahne
Salz + Pfeffer
4 EL Schmand
2 EL Kürbiskerne

» Kartoffeln schälen. Kartoffeln und Zucchini grob zerkleinern.
» Zwiebel und Knoblauch schälen und grob hacken.
» Bratwurst aus der Pelle drücken und zu 12 Bällchen formen.
» Öl in einem Topf erhitzen. Bratwürste darin knusprig anbraten. Aus dem Topf nehmen und zur Seite stellen.
» Zwiebel und Knoblauch in den Topf geben und 1–2 Minuten glasig andünsten. Kartoffeln und Zucchini hinzugeben und mit Gemüsebrühe ablöschen.
» Bei kleiner bis mittlerer Hitze 15–20 Minuten gar köcheln lassen.
» Bärlauch grob hacken. Sahne und Bärlauch mit in den Topf geben und alles fein pürieren. Mit Salz und Pfeffer abschmecken.
» Bratwurstklößchen in der Suppe erwärmen. Mit Schmand und Kürbiskernen bestreut genießen.

Bärlauch-Edamame

So simpel kann lecker sein. Mit nur einer Handvoll Zutaten im Nu gezaubert!

Zubereitungszeit: ca. 20 Minuten
Für 4 Portionen

500 g TK-Edamame, ohne Schote (unreif geerntete Sojabohnen)

Salz

20 g Bärlauch

40 g Panko (spezielles Paniermehl)

1 EL Butter oder Margarine

Pfeffer

» Edamame in Salzwasser 3–5 Minuten garkochen. Abtropfen lassen.
» Bärlauch grob hacken.
» Panko und Bärlauch in einen Mixer geben und fein zermahlen.
» Butter in einer Pfanne schmelzen. Panko hinzugeben und goldbraun rösten.
» Edamame hinzugeben.
» Mit Salz und Pfeffer abschmecken.

VARIATIONEN

Mit den bärigen Bröseln lassen sich nicht nur Bohnen, sondern auch Blumenkohl oder Gratins verfeinern. Einfach kurz vor Garzeit-Ende auf das Gratin streuen und fertig backen.

Rezeptvideo

Rote-Linsen-Bärlauch-Burger

Rote-Linsen-Pattys sind die perfekte Basis für einen leckeren Burger.

Zubereitungszeit: ca. 50 Minuten
Für 4 Pattys oder 20 Bällchen

1 Knoblauchzehe
1 Zwiebel
1 Möhre, klein
100 g Zucchini
2 EL Bratöl + mehr zum Anbraten
150 g Rote Linsen
2 TL Paprikapulver, edelsüß
1½ TL Harissa, gemahlen (scharfes Gewürzpulver)
50 g Bärlauch, fein gehackt
80 g Semmelbrösel
1 Ei (Größe M)
Salz + Pfeffer

» Knoblauch und Zwiebel schälen und fein hacken.
» Möhre schälen und mit Zucchini grob reiben.
» Bratöl in einem Topf erhitzen. Knoblauch und Zwiebeln glasig andünsten. Möhre und Zucchini hinzugeben und kurz mit anschwitzen.
» Rote Linsen hinzugeben. Mit Paprika und Harissa würzen.
» Mit 300 ml Wasser aufgießen. Bei kleiner Hitze und geschlossenem Deckel 15 Minuten köcheln lassen, bis die Flüssigkeit vollständig verdampft ist. Linsen vollständig auskühlen lassen.
» Bärlauch, Semmelbrösel und Ei mit den Linsen vermischen. Mit Salz und Pfeffer würzen.
» Aus der Masse 4 Pattys oder 20 Bällchen formen.
» Öl in einer Pfanne erhitzen. Pattys darin bei mittlerer Hitze von beiden Seiten 3–4 Minuten vorsichtig goldbraun braten.
» Die Pattys nach Lust und Laune auf Burgern anrichten und genießen.

TIPP
Pattys statt in der Pfanne bei 200 °C für 20 Minuten im Backofen garen!

EXTRA: WIE KANN MAN BÄRLAUCH ERSETZEN?

Leider ist die Bärlauchsaison sehr kurz. Aber keine Panik, denn das Hexenkraut hat eine große Familie, die ähnliche Geschmacksabenteuer bietet. So kann der Bär bis zum nächsten Jahr eine Pause machen.

Frühlingszwiebel, Küchenzwiebel, Knoblauch, Schnittlauch oder Knoblauchsrauke sind geschmackliche Verwandte des Bärlauchs und können hervorragend mit ihm kombiniert werden. Die Knoblauchsrauke ist die Wildpflanze, die wohl noch am ehesten mit dem Geschmack des Bärlauchs zu vergleichen ist, obwohl sie nicht zu den Lauchgewächsen gehört, wie Bärlauch, Zwiebeln, Schnittlauch und Knoblauch.
Wird eine dieser Pflanzen verletzt, verwandelt sich das geruchlose Alliin, in das ätherische Öl Allicin, das den charakteristischen Knoblauchduft dieser Pflanzen ausmacht.

- **Knoblauchsrauke** ist ein Wildkraut, das man in der Natur sammeln kann. Das Wildkraut gehört zur Familie der Kreuzblütengewächse und zeichnet sich ebenfalls durch einen intensiven Knoblauchduft aus. Zwischen März und Mai sind die Blätter besonders aromatisch. Nach der Blüte zwischen April und Juli nimmt das Aroma leicht ab.
- Die **Küchenzwiebel** ist in der Küche vielseitig einsetzbar und hat einen kräftig-würzigen Geschmack, der beim Kochen eine süßliche Note annimmt. Weiße Zwiebeln haben einen milderen und feineren Geschmack als gelbe und rote Zwiebeln. Sie sind weniger scharf und haben eine leichte Süße.
- **Schnittlauch** hat einen würzig-aromatischen Geschmack, der an Lauch und Zwiebeln erinnert. Allerdings ist das Aroma weniger intensiv. Leicht scharf, verleiht er vielen Rezepten eine feine Zwiebelnote. Die lilafarbenen Schnittlauchblüten sind nicht nur hübsch anzusehen, sondern auch eine köstliche Dekoration. Der Geschmack der Blüten ist süßlich frisch, mit einer leichten Schnittlauchnote.

- **Frühlingszwiebeln** haben ein mild-würziges Aroma, das an Lauch und Schnittlauch erinnert, aber weniger scharf ist als die normale Küchenzwiebel. Das Grün der Frühlingszwiebel schmeckt milder und frischer, während der untere, weiße Teil eine intensive Zwiebelnote versprüht.

SCHÖN & STARK MIT DEM POWERLAUCH

Bärlauch, you are so beautiful – Rezepte, die den Körper reinigen und Power verleihen.

Bärlauch-Tinktur

Die bärenstarke Tinktur darf in keiner Kräuterapotheke fehlen!

Zubereitungszeit: ca. 10 Minuten + 2–3 Wochen Ruhezeit
Für etwa 350 ml

70 g Bärlauch

350 ml Doppelkorn 38%ig

» Bärlauch waschen, trocken tupfen und klein schneiden.
» Klein geschnittene Blätter in ein sauberes Schraubglas geben und mit Doppelkorn auffüllen, bis die Blätter vollständig bedeckt sind.
» Die Tinktur an einem kühlen Ort für 2–3 Wochen ziehen lassen.
» Das Glas während dieser Zeit immer mal wieder schütteln.
» Tinktur durch einen Kaffeefilter oder ein Stofftuch abseihen und in ein dunkles Glas abfüllen.

DOSIERUNG

Täglich 2- bis 3-mal 10 Tropfen einnehmen. Falls du sie nicht pur einnehmen möchtest, kannst du sie auch mit Wasser oder Saft verdünnen.

Bärlauch-Oxymel

Gesundheit aus der Natur mit nur wenigen Zutaten!

Zubereitungszeit: ca. 15 Minuten + 4 Wochen Ruhezeit
Für 1 Glas

60 g Bärlauch (Blätter, Knospen und Blüten)

100 ml Apfelessig

300 ml naturbelassener Honig

» Bärlauch waschen, trocken tupfen, grob zerkleinern und in ein sauberes Glas füllen.

» Essig und Honig gut vermischen.

» Essigmischung über den Bärlauch gießen. Dieser sollte vollständig bedeckt sein.

» Das Glas an einem dunklen und kühlen Ort für mindestens 4 Wochen ziehen lassen.

» Zwischendurch das Glas immer mal wieder schütteln, damit sich die Inhaltsstoffe lösen.

» Bärlauch anschließend durch ein Sieb abseihen. Flüssigkeit in ein sauberes Glas füllen.

DOSIERUNG

Pro Tag etwa 2–3 EL Bärlauch-Oxymel zur Stärkung des Immunsystems einnehmen. Für einen milderen Geschmack das Oxymel in Saft oder Wasser einrühren.

Bärlauch-Salbe

Sag trockener Haut den Kampf an! Diese Bärlauch-Salbe heilt, regeneriert und pflegt.

Zubereitungszeit: ca. 20 Minuten + 60 Minuten Ruhezeit
Für ein kleines Glas (Tiegel)

60 g Bärlauch

100 ml Oliven- oder Mandelöl

10 g Bienenwachs

» Bärlauch grob hacken und in ein sauberes Glas füllen.
» Mit Öl vollständig bedecken.
» Glas in ein Wasserbad stellen und bei 40 °C für 1 Stunde ziehen lassen (Thermometer verwenden!) oder in eine Küchenmaschine geben.
» Öl durch ein Sieb abseihen. Mit Bienenwachs in eine Schüssel geben.
» Über einem Wasserbad langsam erwärmen, bis das Bienenwachs vollständig geschmolzen ist.
» Mischung vom Herd ziehen und in einen sauberen Glastiegel füllen.

BALSAM FÜR TROCKENE HAUT

Die Bärlauch-Salbe kann bei trockenen Hautstellen und Neurodermitis Abhilfe schaffen. Anders als vielleicht vermutet ist der Bärlauchgeruch wenig dominant und die Salbe ist super angenehm auf der Haut.

Bärlauch-Orangen-Smoothie

Bärlauch mal in einem süßen Smoothie – überraschend lecker!

Zubereitungszeit: ca. 10 Minuten
Für 1 Portion

5 Blätter Bärlauch

1 Banane

100 g Joghurt

150 ml Orangensaft

2 Spritzer Zitronensaft

» Bärlauch grob hacken.
» Banane schälen und grob zerkleinern.
» Alle Zutaten anschließend in einen Mixer geben und fein pürieren.
» Smoothie in ein Glas gießen und sofort genießen.

FRÜHSTÜCK GEFÄLLIG?

Geschmacklich hält sich der Bärlauch zurück und überlässt Orangensaft und Banane die Bühne. Lust auf eine Smoothie-Bowl? Dafür zusätzlich mit 100 g TK-Mango pürieren. Getoppt mit Nüssen, Granola oder Beeren wird daraus ein köstliches Frühstückchen.

EXTRA: BÄRLAUCH-KUR

Eine Bärlauch-Kur ist eine großartige Möglichkeit nach dem tristen Winter mit den frischen grünen Blättern die Batterien wieder aufzuladen und neue Kraft zu tanken.

Frühjahrsmüdigkeit ade! Nach einer Bärlauch-Kur fühlst du dich wie neugeboren. Fit, ausgeglichen und voller Power. Der Bärlauch verleiht nämlich wortwörtlich Bärenkräfte! So eine reinigende und stärkende Bärlauch-Kur kann zwischen 2 und 6 Wochen dauern.

Gutes für den Körper

Er stärkt das Immunsystem, tut der Verdauung gut, hält das Herz-Kreislauf-System in Schwung und kann beim Entgiften des Körpers helfen. Außerdem wirkt das „Hexenkraut“ appetitanregend und harntreibend. Jeden Tag eine Handvoll Bärlauch, das sind etwa 15–20 Blätter und du bist startklar für den Frühling.

Frisch aus Natur und Supermarkt …

Der Bärlauch ist im Frühjahr in der Natur in rauen Mengen zu finden. Auch im Supermarkt und auf dem Wochenmarkt ist er während der Saison nicht wegzudenken. Frisch verarbeitet, wird der Bärlauch in Salaten, pikanten Brotaufstrichen, Kräuterquark oder als Smoothie zum Star.

… oder haltbar gemacht für das ganze Jahr

Mit einer Bärlauch-Tinktur (Rezept Seite 82), einem Oxymel (Rezept Seite 84) oder einer Salbe (Rezept Seite 86) kannst du die Kraft des Bärlauchs das ganze Jahr über genießen. Die Herstellung ist einfach und ermöglicht es dir, die Energie und Vitalität des Bärlauchs das ganze Jahr über zu nutzen. Bärlauch-Oxymel ist beispielsweise ein hervorragender Begleiter in der Erkältungszeit. Das im Bärlauch enthaltene Vitamin C wirkt wie ein Kraftpaket auf das Immunsystem und kann dieses stärken.

SERVICE

Du kannst nicht genug bekommen?
Auf den folgenden Seiten findest du
Lektüre zum Schmökern und mehr.

Zum Schmökern

Lust auf mehr Kräuter – aber bitte ganz bequem von der Fensterbank? Mit dem Buch **„Krasse Kräuter“** von Sabrina Sue Daniels entdeckst du 13 klassische Küchenkräuter komplett neu – mit Anbautipps und 30 Rezepten von chillen bis grillen.

Wenn du noch mehr wildes Grünzeug kennenlernen willst, check mal **„Wild und wunderbar: Die 13 besten Wildkräuter“** von Janine Hissel.

Bonus-Material

Koreanische Mayak Eggs

Bärlauch-Pull-Apart-Bread

Über die Autorin und Fotografin

Sabrina Sue Daniels ist ausgebildete Fotografin, Food Stylistin, Ernährungscoach und Autorin zahlreicher Kochbücher. „Beautiful Food for Beautiful People“ – „Meine Rezepte sollen nicht nur den Geist, sondern auch den Körper ansprechen“, so ist ihre Philosophie. Gesunde Zutaten sind deshalb ein wichtiger Bestandteil ihrer kreativen und einzigartigen Food Pairing Küche. Klar, dass dazu auch Bärlauch zählt. „Ohne Bärlauch wären die Rezepte in diesem Buch nur halb so aromatisch und lecker“, so die Autorin.

Auf ihrem Blog www.sabrinasue.de und auf www.instagram.com/sabrinasue_in_love_with_food verführt sie ihr Publikum regelmäßig mit lecker-gesunden Rezepten zum Schlemmen.

Rezepte nachgeschlagen

Schlaues schnell nachgeschlagen

Bildquellen

Alle Fotografien stammen von Sabrina Sue Daniels (sabrinasue.de).

Impressum

Die in diesem Buch enthaltenen Empfehlungen und Angaben sind von der Autorin mit größter Sorgfalt zusammengestellt und geprüft worden. Eine Garantie für die Richtigkeit der Angaben kann aber nicht gegeben werden. Autorin und Verlag übernehmen keine Haftung für Schäden und Unfälle. Bitte setzen Sie bei der Anwendung der in diesem Buch enthaltenen Empfehlungen Ihr persönliches Urteilsvermögen ein.
Der Verlag Eugen Ulmer ist nicht verantwortlich für die Inhalte der im Buch genannten Websites.

Anmerkung zur Schreibweise (Gendering): Gendergerechtigkeit und Inklusion sind bei uns gelebte Praxis – bei der Auswahl unserer Themen, bei der Recherchearbeit, in der Gestaltung. Unsere Texte meinen alle. Damit unsere Inhalte jedoch gut lesbar bleiben, verzichten wir in diesem Werk auf die jeweilige Mehrfachnennung oder Anpassung der Schreibweise bestimmter Bezeichnungen an die weibliche, männliche oder diverse Form.

Bibliografische Information der Deutschen Nationalbibliothek
Die Deutsche Nationalbibliothek verzeichnet diese Publikation in der Deutschen Nationalbibliografie; detaillierte bibliografische Daten sind im Internet über http://dnb.d-nb.de abrufbar.

Wollgrasweg 41 · 70599 Stuttgart (Hohenheim)
E-Mail: info@ulmer.de · Internet: www.ulmer.de
Projektleitung: Helen Haas
Lektorat: Sabine Drobik
Herstellung: Verlag Eugen Ulmer
Umschlaggestaltung: Michaela Mayländer, Stuttgart, www.sistermic.de
Layout und Satz: Antje Warnecke, nordendesign.de
Reproduktion: time:ray, Jettingen
Druck und Bindung: Livonia Print, Riga
Printed in Latvia

ISBN 978-3-8186-2731-7